LEON

아침식사와 브런치

자연식 패스트푸드 레시피

LEON

Breakfast & Brunch

NATURALLY FAST RECIPES

헨리 딤블비·케이 플런켓 호그·클레어 탁·존 빈센트 지음 I Fabio(배재환) 옮김

아침식사와 브런치

자연식 패스트푸드 레시피

시작하며

우리는 아침식사의 소중함을 알리기 위해 노력해왔습니다. 레온*을 아침 7시부터 여는 것도, 아침식사에 어울리는 메뉴를 지속적으로 개발하는 이유도 그 때문이죠. 우리는 더 맛있고 건강한 아침식사를 위해 다양한 포리지*(포리지에 바나나를 첨가하거나, 다크 초콜릿을 올려보세요. 10쪽 참조)와 '초리조와 트러플 치즈를 곁들인 한 컵 수란(26쪽 참조)'을 만들었어요. 그리고 밀의 좋은 대안이라 할 수 있는 스펠트 밀*로 만든 다양한 아침식사용 머핀도 메뉴에 올렸죠.

건강하지 않은 먹거리가 즐비한 세상입니다. 아침식사로 많이 먹는 시판 시리얼 제품은 대부분 밀과 설탕이 들어있어요. 이것이 혈당을 올려 건강을 해친다는 말을 들어봤을 거예요. 두려움에 떨지 말고 이제 직접 아침식사를 준비해보면 어떨까요?

시리얼의 유혹에서 벗어나 제대로 된 식사, 레온의 자연식 패스트푸드를 즐겨보는 거예요. 물론 여러분이 요리 말고도 해야 할 일이 많다는 사실은 잘 알고 있습니다. 그래서 우리는 레시피를 최대한 단순화하기 위해 노력했습니다. 그렇지만 아무리 단순한 레시피라고 해도 요리에 쓰일 재료와 약간의 노력 정도는 당연히 필요합니다. 이 책이라면 여러분의 요리에 보탬이 될 거예요.

우리는 음식에 대한 고민과 그 해법을 여러분과 함께 나눴으면 합니다. 이를 테면 우리는 좋은 지방과 좋은 탄수화물의 결합이 건강에 이롭다는 사실을 알아내어, 호두나 곡물의 씨앗들을 포리지에 넣었죠. 또 팬케이크를 만들 때는 처음부터 글루텐이 없는 메밀가루를 사용했어요.

무엇보다, 이 레시피가 여러분의 아침과 아침식사 그리고 삶을 즐겁게 만드는 좋은 친구가 될 수 있으면 좋겠습니다.

해피 쿠킹!

– 헨리와 존

✓ 레온(LEON): 50여 개의 지점을 가진 영국의 자연식 패스트푸드 레스토랑.(https://leon.co/)
✓ 포리지(porridge): 오트밀에 우유나 물을 부어 걸쭉하게 죽처럼 끓인 음식.(곡물로 만든 죽을 통칭)
✓ 스펠트 밀가루(spelt flour). 기원전 5천 년부터 존재한 밀의 고대 종으로 만든 밀가루. 일반 밀보다 칼로리 및 혈당(GI) 지수가 낮고 소화가 잘 되어 건강식으로 각광받고 있으며 밀 알레르기가 있는 사람도 먹을 수 있다. 스펠트 밀은 단맛과 견과류 맛이 난다. 우리 밀과 비슷하다.

GRAINS OF GOODNESS

– 건강에 이로운 곡식 –

포리지
Porridge

2인분 • 조리 시간 5분 • ♥ ♣ WF GF DF V

영국에서 포리지는 몇 년 전부터 다시 인기를 끌고 있습니다. 포리지의 장점은 혈당(GI) 지수가 낮을 뿐만 아니라 콜레스테롤 수치도 낮춰주고 포만감도 오래간다는 것이죠. 물론 가장 매력적인 사실은 거의 모든 종류의 맛있는 토핑을 곁들여 먹기에도 가장 완벽한 방법이라는 점입니다. 우리는 레온에서 매일 많은 양의 포리지를 만듭니다. 그리고 자타공인, 포리지 중독자들이기도 합니다.

기본 포리지

- 압착 귀리 1컵(약 100g)
- 물 2컵(또는 우유나 둘을 섞어서)
- 소금

포리지를 빨리 만들려면, 익히는 데 더 많은 시간이 필요한 뻥튀기 형태의 귀리 분태가 아니라 압착 귀리를 사용하면 됩니다. 레온에서는 순수 유기농 우유를 사용합니다만, 개인적으로 집에서는 종종 우유 대신 물을 넣어 만들기도 해요. 우유와 물을 가감하면서 원하는 농도를 맞춥니다.

귀리는 글루텐 프리 식품이지만, 밀을 가공하는 제분소에서 가공되는 경우가 많아 글루텐이 섞일 수 있으므로 글루텐에 민감하다면 이런 부분에도 신경 써야 합니다.

1. 냄비에 분량의 귀리와 물, 소금 적당량을 넣고 중불에서 4~5분 정도 저으며 끓인다.
2. 완성된 포리지를 식탁에 차린다.

클래식 포리지 토핑들

- 꿀을 섞은 차가운 우유, 잼 약간, 진한 무스코바도 설탕이나 골든 시럽
- 위 토핑에 '더블 크림'을 더해서(단, 일요일만)
- 둥글게 자른 바나나와 꿀(오른쪽 사진 참조)
- 바삭하게 구운 질 좋은 베이컨과 메이플 시럽(아빠 곰과 함께 가장 좋아하는 조합! 오른쪽 사진 참조)
- 과일 범벅 – 여러 종류의 신선한 과일 듬뿍
- 콤포트*, 구운 견과류와 씨앗 그리고 꿀(오른쪽 사진 참조)

레온에서 가장 인기 있는 토핑들

- 발로나* 초콜릿 플레이크
- 바나나와 오렌지꿀, 구운 씨앗류
- 블랙베리나 딸기 콤포트

✓ 콤포트(Compote): 생과일이나 말린 과일을 리큐르(Liqueur)를 첨가한 설탕 시럽에 넣어 뭉근하게 졸인 것. 잼과 비슷하나 잼보다 과육의 질감이 크다.

✓ 발로나(valrhona): 프랑스의 초콜릿 브랜드.

클레어의 그래놀라*
Claire's Healthy Granola

그래놀라 1.5kg · 준비 시간 10분 · 조리 시간 1시간 40분 · ♥ ♣ WF GF DF V

아마 여러분은 칼로리 낮은 이 곡물 덩어리가 얼마나 맛있는지 믿지 못할 거예요.

- 메밀 플레이크 500g
- 통아몬드(껍질째) 125g
- 아마씨가루 50g
- 참깨 50g
- 호박씨 50g
- 아마란스 50g
- 아가베 시럽 250ml
- 올리브 오일 50ml(엑스트라 버진 아닌 것)
- 코코넛 오일 100g
- 물 100ml
- 바닐라 에센스 1½작은술
- 시나몬가루 ½작은술
- 갓 갈아놓은 육두구
- 소금 1자밤
- 술타나 건포도 100g
- 말린 코코넛 50g

✓ 그래놀라(granola): 다양한 곡물류와 견과류를 설탕, 꿀과 함께 섞어 오븐에 구워 적당히 크기의 덩어리로 뭉쳐 놓은 것.

1. 오븐을 150℃로 예열하고, 2개의 베이킹 트레이에 각각 유산지를 깐다.
2. 큰 볼에 분량의 메밀 플레이크, 통아몬드, 아마씨, 참깨, 호박씨, 아마란스를 담아 한쪽에 둔다.
3. 냄비에 분량의 아가베 시럽, 올리브 오일, 코코넛 오일, 물을 넣고 중불에서 타지 않게 계속 저으며, 시럽 상태가 될 때까지 끓인다.
4. 3의 재료가 다 녹아 시럽이 되면 불에서 내려 분량의 바닐라 에센스, 향신료, 소금을 넣고 잘 저어 시럽을 완성한다. 이제 완성된 시럽을 2에 붓고, 견과류와 씨앗에 시럽이 충분히 코팅되도록 잘 섞는다.
5. 시럽에 코팅된 견과류와 씨앗들을 준비된 베이킹 트레이에 올리고 평평하게 편 다음, 오븐에서 약 1시간가량 굽는다.
6. 오븐에서 꺼내어 스텐리스 스크래퍼로 모양을 잡고 다시 오븐에 넣는다. 이때, 오븐의 온도를 140℃로 낮추고 그래놀라가 노릇노릇해질 때까지 35~40분 정도 더 굽는다.
7. 오븐에서 꺼내고 완전히 식힌 다음, 건포도와 말린 코코넛까지 넣어 잘 섞은 후 밀폐용기에 담아 보관한다.

TIPS

자연스러운 단맛을 내려면 신선한 대추와 저지방 천연 요거트를 곁들이면 됩니다.

헤이즐넛 우유
Hazelnut Milk

헤이즐넛 우유 650ml · 준비 시간 10분 + 물에 불리는 시간 · ♥ ♣ WF GF DF V

- **헤이즐넛** 100g(생수나 정수된 물에서 8시간 또는 밤새 불렸다 건져서 씻은 것)
- **바닐라빈** 바닐라 ¼개 분량
- **천연 꿀** 2큰술(투명한 것)
- **물** 600ml
- **소금** 아주 조금

1. 블렌더에 물에 불린 헤이즐넛, 바닐라빈, 꿀, 물 200ml를 넣고 부드러운 상태가 될 때까지 간다.

2. 남은 분량의 물을 다 붓고, 잘 섞이도록 다시 간다.

3. 견과류 우유를 거르는 전용 백이나 결이 고운 치즈용 거름천 등으로 거른다.

4. 차갑게 마신다. 냉장고에서 6~8일간 보관이 가능하다.

호박씨 우유
Pumpkin Seed Milk

750ml · 준비 시간 15분 + 물에 불리는 시간 · ♥ ♣ WF GF DF V

- **호박씨** 300g(생수나 정수
  된 물에서 8시간 또는 밤새
  불렸다 건져서 씻은 것)
- **캐슈넛** 40g(생수나 정수된
  물에서 6~8시간 또는 밤새
  불렸다 건져서 씻은 것)
- 씨 뺀 **대추** 2개
- **메이플 시럽** 1큰술
- **육두구가루** ⅓작은술
  (선택 사항)
- **소금** 1자밤
- **물** 700ml

1. 블렌더에 모든 재료와 물 400ml를 넣고 부드러운 상태가 될 때까지 간다.

2. 남은 분량의 물을 다 붓고, 잘 섞이도록 다시 간다.

3. 견과류 우유를 거르는 전용 백이나 결이 고운 치즈용 거름천 등으로 거른다.

4. 차갑게 마신다. 냉장고에서 6~8일간 보관이 가능하다.

TIPS

호박씨 100% 우유로 만들려면 레시피에서 캐슈넛, 메이플 시럽, 물 100ml를 빼고 대추 1~2개를 추가하면 됩니다.

원더풀 요거트
Wonderful Yoghurt

WF GF V

· 요거트
· 장미 꽃잎 잼

1. 볼에 진한 천연 요거트를 가득 담고, 장미 꽃잎 잼을 듬뿍 올린다.(장미 꽃잎 잼은 중동 상품점에서 구할 수 있다.)

아침식사용 버셔 뮤즐리*
Breakfast Bircher

버셔 뮤즐리 150g · 준비 시간 12시간 · ♥ ♣ WF GF V

· **오트밀** 150g
· **사과주스** 400ml

1. 큰 그릇이나 밀폐용기에 오트밀과 사과주스를 넣고 섞어, 뚜껑을 덮고 하룻밤 그대로 둔다.

✓ 뮤즐리((Muesli): 눌린 통 귀리와 곡물류, 과일, 견과류를 혼합해 우유와 함께 먹는 스위스의 전통 아침 식사용 시리얼.

TIPS

» 볶은 아마씨나 다른 씨앗을 첨가해도 좋아요.
» 천연 요거트와 잘게 썬 과일들을 풍성하게 곁들이면 정말 맛있게 즐길 수 있습니다.

미니 니커보커* 글로리
Mini Knickerbocker Glory

2인분 · 준비 시간 5분 · ♥ ♣ V

- 망고 1개(작은 것)
- 천연 요거트 300g
- 블랙베리 콩포트나 잼
  1~2큰술
- 꿀 1큰술
- 그래놀라 80g

1. 망고는 껍질을 벗기고, 정사각형으로 잘게 자른다.

2. 중간 크기의 깨끗한 컵 2개를 준비하고, 각각의 바닥에 요거트를 떠서 한 층 깐다.

3. 그 위에 콩포트나 잼을 한 층 올리고, 꿀을 뿌린 다음 요거트를 한 층 더 쌓아올린다.

4. 요거트 위에 작게 자른 망고를 흩뿌리고, 마지막으로 그래놀라를 얹는다.

✓ 니커보커 글로리(Knickerbocker Glory): 파르페와 선데 아이스크림과 같이 컵에 층층이 쌓아 담은 영국식 디저트.

아침식사용 바나나 스플릿
A Breakfasty Banana Split

2인분 · 준비 시간 10분 · 조리 시간 5분 · WF GF V

- 바나나 2개
- 사과 1개
- 견과류(캐슈넛, 헤이즐넛,
  마카다미아) 40g
- 버터 10g
- 천연 요거트 2큰술
- 묽은 꿀 1큰술
  (점성이 약한 것)
- 아침식사용 버셔 뮤즐리
  2큰술(16쪽 참조)

1. 바나나는 껍질을 벗기고 길게 반으로 자른다.

2. 사과는 씨를 제거하고 적당한 크기로 잘게 썬다. 견과류는 기름을 두르지 않은 마른 팬에 중불로 볶아 대충 다진다.

3. 바닥이 두꺼운 팬에 버터를 넣고 달군 다음 꿀과 바나나를 넣고 바나나의 한 면당 3분 정도로, 노릇노릇해질 때까지 굽는다.

4. 깨끗한 그릇에 요거트와 버셔 뮤즐리, 잘게 썬 사과와 다진 견과류를 넣고 잘 섞는다.

5. 접시에 바나나 2쪽씩을 담고, 4의 요거트와 견과류 믹스를 올려 낸다.

WEEKEND TREATS

– 주말식사 –

조니의 폭신한 달걀
Jonny Jeffrey's Fluffy Eggs

4인분 • 준비 시간 10분 • 조리 시간 8~10분 • ♣ V

이 책의 저자 중 한 명인 케이의 친구 조니가 알려준 환상적인 아침 레시피입니다. 조니의 할머니가 손자들을 위해 만들곤 하셨다던 전통적인 가족 요리법 중에 하나라고 하네요.

- **달걀** 4개
- **빵** 4쪽
- 곱게 간 **치즈**(체다, 파르메산, 에멘탈 등 기호에 따라) 1줌
- **소금**, 갓 갈아놓은 **후추**

1. 오븐을 190℃로 예열한다.

2. 달걀은 흰자와 노른자를 분리한다. 노른자는 그대로 두고, 흰자는 단단한 봉우리가 생길 때까지 거품기로 친다.

3. 빵 4쪽을 살짝 구워서 베이킹 트레이에 올리고, 거품기로 친 흰자의 ¾을 빵 4쪽에 나눠 펴 바른다.

4. 빵 위에 올린 흰자의 한가운데를 오목하게 파내어 홈을 만들고, 그 안에 계란노른자를 하나씩 올린다. 노른자에 소금과 후추로 간한 다음, 거품기로 친 나머지 달걀흰자로 노른자를 덮는다. 노른자가 흰자로 완전히 덮였는지 확인한다.

5. 4의에 곱게 간 치즈 1작은술을 뿌리고 윗면이 노릇해질 때까지 오븐에서 8~10분간 굽는다. 이렇게 하면 아주 보기 좋게 흘러내리는 노른자가 만들어진다. 노른자를 좀 더 익히려면 오븐에서 살짝 더 구우면 된다. 뜨거울 때 먹는다.

TIPS

» 조니가 우리에게 이 요리를 만들어줬을 때 볶은 초리조를 조금 곁들였어요. 초리조 대신 베이컨, 훈제 연어, 블랙 푸딩*이나 구운 버섯을 곁들여도 좋아요.

» 조니의 제안 대로 달걀 대신 오리 알을 사용해보면 어떨까요? '폭신한 오리 알'이라고 부르면 되겠네요.

» 토스트의 표면적은 이 요리에 있어 매우 중요합니다. 면적이 작을수록 달걀흰자를 높이 쌓아야 하고, 그럴 경우 조리 시간에 약간의 영향을 미치게 되거든요. 가급적 면적이 넓은 흰 빵이나 갈색 빵을 권합니다.

✓ 블랙 푸딩(Black pud-ding) 돼지 피가 주재료인 검은색을 띤 소시지로 영국의 대표 음식 중 하나.

완벽한 스크램블 에그
Perfect Scrambled Eggs

2인분 • 준비 시간 5분 • 조리 시간 5~10분 • ♣ WF GF V

단편소설 《007 인 뉴욕(007 in New York)》에서 이안 플레밍은 크림과 잘게 썬 허브로 맛을 낸 스크램블 에그의 완벽한 조리법 하나를 소개했죠. 일단, 제임스 본드 이야기는 주말을 위해 아껴둡시다. 매일 아침식사를 하면서 본드를 만날 정도로 아침 시간이 여유롭진 않으니까요.

• 달걀 5개
• 우유 약간
• 다진 **파슬리**나 **바질**, **고수**, **타임** 넉넉하게 1자밤(선택 사항)
• **버터** 1큰술
• **소금**, 갓 갈아놓은 **후추**

1. 볼에 달걀을 깨 넣고 우유, 소금, 후추를 넣어 포크로 휘저어 잘 섞는다.(허브가 있으면 잘게 썰어 1자밤 정도 넣어도 좋다.)

2. 바닥이 두꺼운 팬에 버터를 넣고 거품이 생길 때까지 중불로 녹인다. 버터가 녹으면 1을 붓고, 포크나 나무 스푼으로 달걀이 몽글몽글하게 뭉칠 때까지 계속 젓는다.

3. 여기서 질문 하나. 기호에 맞는 달걀의 익힘 상태는 어떤 걸까? 달걀이 익어 단단해지기 시작하면 화력을 줄여 잔열로 익도록 해야 한다. 원하는 상태로 익을 때까지 달걀을 계속 저은 다음, 즉시 접시로 옮긴다.

4. 팬 바닥에 깔린 달걀은 먼저 접시로 옮긴 달걀보다 더 단단해진다는 사실을 명심하도록. 달걀의 익힘 정도에 대한 기호는 사람마다 다를 수 있다.

5. 후추를 뿌리고 맛있게 먹는다.

완벽한 수란
Perfect Poached Eggs

4인분 • 준비 시간 10분 • 조리 시간 1분 30초 • ♣ WF GF DF V

케이는 런던 프리머스힐에 위치한 오데뜨 레스토랑의 주방장인 브라이언 윌리엄스가 자신의 비법을 가르쳐주기 전까지 만해도 수란 요리를 많이 하지는 않았어요. 브라이언은 케이에게 이렇게 말했다죠. "네가 만약 하루에 50개씩 기가 막힌 뭔가를 만들어야 하고 또 그게 완벽해야 한다면, 그건 바로 수란일 거야."

· **달걀** 4개
· **소금** 1작은술
· **화이트 와인 비니거**(또는 식초) 1큰술
· **얼음물**(수란을 만들어서 바로 먹지 않을 거라면)

✓ 래미킨(ramekin): 도자기나 유리로 만든 작은 크기의 내열 그릇. 주로 수플레 등의 오븐 요리에 사용한다.

1. 달걀을 4개의 레미킨*이나 작은 그릇에 하나씩 깨 넣는다.(냄비에 바로 달걀을 깨 넣는 것보다 이렇게 하는 편이 훨씬 수월하다.)

2. 깊은 냄비에 절반 이상 물을 붓고, 분량의 소금과 화이트 와인 비니거를 넣고 끓인다.

3. 용기에 깨 놓은 달걀을 한 번에 하나씩 냄비에 넣는다. 달걀이 냄비 바닥에 가라앉았다가 노른자 주위로 흰자가 떠오르고 1분쯤 지나면 달걀이 물 위로 뜨기 시작한다. 달걀이 떠오르면, 즉시 타공 스푼으로 건져 얼음물에 담근다. (여열로 달걀이 더 익는 것을 막기 위해서다.)

4. 달걀이 식으면 물에서 건져, 먹을 때까지 차갑게 보관한다. (만약, 바로 먹을 거라면 탄력 있는 흰자와 주르륵 흘러내릴 정도의 반숙 노른자를 만들기 위해 끓는 물에서 30초~1분 정도 더 익힌다.)

5. 차갑게 보관한 수란을 다시 따뜻하게 즐기려면, 끓는 물에 30초~1분 정도 넣어 데운다.

TIPS

» 완벽한 반숙 달걀 만들기도 매우 간단합니다. 끓는 물에 소금을 넣은 후 달걀을 깨 넣고, 3분 33초간 익히면 됩니다.

초리조와 트러플 치즈를 곁들인 한 컵 수란

Posh Poached Eggs in a Cup with Chorizo & Truffled Cheese

4인분 • 준비 시간 5분 • 조리 시간 10~15분

레온의 아침식사 중에는 '에그컵'이라는 메뉴가 있습니다. 작은 냄비에 수란을 만들고 몇 가지를 더 하는데, 이 메뉴의 조합에서 절대 빠지지 않는 재료는 바로 트러플 오일과 그뤼에르 치즈 그리고 초리조입니다. 초리조가 없다고요? 잘게 썬 햄이나 베이컨과도 잘 어울리니 걱정 마세요. 일단 한 번 맛보게 된다면 여러분의 아침식사 메뉴에서 절대 빠지는 일이 없을 겁니다.

- 달걀 4~8개
- 얇게 썬 **초리조** 100g
- 수란용 식초 1큰술
- **소금**, 갓 갈아놓은 **후추**

[치즈 소스]
- **무염버터** 25g
- **병아리콩가루** 25g
- **우유** 350ml
- 강판에 간 **그뤼에르 치즈** 120g
- **트러플 오일** ½작은술

1. 먼저 소스를 만든다. 냄비에 버터를 넣고 중불에서 녹인다. 여기에 병아리콩가루를 넣고 2분간 저어주며, 루 (roux)와 같은 부드러운 상태가 되도록 한다.

2. 1에 우유를 한 번에 조금씩 넣고 덩어리가 생기지 않게 계속 젓는다. 소스가 숟가락 뒷면에 묻어 흘러내리지 않을 정도로 약간 걸쭉한 상태가 될 때까지 계속 젓는다. 소스가 적당한 농도가 되면 갈아놓은 치즈와 트러플 오일을 넣고, 모든 재료가 완전히 섞이고 윤기가 날 때까지 저어서 소금과 후추로 간하고 따뜻하게 보관한다.

3. 코팅팬에 올리브 오일을 넣고 중불로 가열한 후 얇게 썬 초리조가 바삭해질 때까지 굽는다. 구운 초리조는 키친 타월로 옮겨 기름을 뺀다.

4. 25쪽의 방법대로 수란을 만든다.(인당 달걀 1~2개 정도가 적당한데, 기준은 얼마나 허기지느냐이다.)

5. 각각의 달걀 위에 약간의 소금을 뿌리고 후추를 갈아 올린 다음, 준비된 컵에 붓는다.(우리는 주로 작은 찻잔을 사용한다.) 달걀 위에 초리조를 ¼씩 흩뿌리고 치즈 소스도 ¼씩 부은 후 그 위에 후추를 살짝 더 갈아 올린다.

6. 공저자인 존의 딸 나타샤가 늘 말하는 것처럼, 냠냠냠~

세계 최고의 오믈렛, 오믈렛 바브즈
Omelette Baveuse

1인분 • 준비 시간 2분 • 조리 시간 2~3분 • ♣ WF GF V

오믈렛 바브즈의 발견은 요리 인생의 판도를 바꾸는 순간이었어요. 우리는 프랑스인 친구 피에르에 게서 이 조리법을 배웠죠. 많은 사람들이 오믈렛을 생각보다 높은 온도에서 오래 익혀 먹는 경향이 있는데 이 오믈렛처럼 저온에서 살짝 덜 익히면 더 맛있답니다.

- **달걀** 2개
- 강판에 간 **체다 치즈** 1큰술
- **크렘 프레슈*** 수북하게 1큰술
- **식용유** 적당량
- **소금**, 갓 갈아놓은 **후추**

✓ 크렘 프레슈(Crème frai -che): 유지방 함량이 약 28%인 프랑스의 유제품으로, 우유에서 지방을 뺀 크림을 말한다.

1. 볼에 분량의 달걀, 치즈, 크렘 프레슈를 넣어 간하고 각 재료들이 잘 섞이도록 포크로 섞어 달걀 믹스를 만든다.

2. 코팅팬을 적당히 가열한 후 식용유를 살짝 두르고 데운다.

3. 팬에 1의 달걀 믹스를 붓는다. 달걀이 팬 전체에 고루 퍼지도록 팬을 기울여가며 익힌다. 바깥쪽의 달걀이 팬에 들러붙지 않도록 스패출라로 살짝 들어올리고, 가장자리가 바닥에서 살짝 들뜬 상태로 익게 한다. 15초 후에 약불로 낮춘다.

4. 달걀 윗부분에 촉촉하고 점성이 있는 질감이 생기면(왼쪽 이미지 참조) 스패출라를 이용해 달걀을 반으로 접어, 접시 위에 미끄러지듯 옮긴다.

5. 뜨거울 때 먹는다.

TIPS

» 좀 더 몸에 좋은 오믈렛을 만들고 싶다면 치즈와 크렘 프레슈를 빼거나, 크렘 프레슈를 약간의 우유로 대체하면 됩니다.

건강한 맛(Healthy): 토마토와 터메릭(울금)을 사용한 레시피입니다. 팬에 오일을 붓고 아주 뜨겁게 가열합니다. 토마토 1개(1인당)를 대충 다진 후 연기가 올라올 만큼 뜨겁게 달군 팬에 넣고 마구 저어주세요. 터메릭을 1자밤 정도 넣어 양념해주세요.

햄 맛(Hammy): 프로슈토나 바삭한 베이컨 또는 다른 종류의 잘게 다진 염장 햄을 넣습니다.

» 이 요리에 30초 정도만 더 투자하면 오믈렛의 속을 채울 수도 있습니다. 우리가 특히 좋아하는 몇 가지 맛을 소개합니다.

치즈 맛(Cheesy): 위의 레시피에서 1인당 50g의 치즈를 너 갈아 넣고, 다진 차이브의 파슬리도 넣습니다.

버섯 맛(Mushroomy): 궁극의 버섯(51쪽 참조)으로 오믈렛 속을 채웁니다.

고전적이고 우아한 맛(Classic&Classy): 연성 치즈인 프로마주 프레이와 훈제 연어, 차이브를 넣습니다.

달걀 토스트
Eggy Bread

4~6인분 • 준비 시간 10분 • 조리 시간 15분 • V

우리가 흔히 프렌치 토스트라고 부르는 달걀 토스트입니다. 이 레시피는 딱딱해져 그대로 먹기 힘든 빵도 맛있게 만듭니다.

- **무염버터** 2큰술, 추가로 곁들일 분량 약간
- **달걀** 5개
- **우유** 400ml
- **바닐라 에센스** 1큰술
- **설탕** 75g
- **시나몬가루** ½작은술
- **마른 빵** 8~12조각
- 빵 위에 뿌릴 **슈거파우더**
- **메이플 시럽**

1. 크고 묵직한 팬을 가열하고 분량의 버터를 넣어 녹인다.

2. 넓고 얕은 볼에 분량의 달걀, 우유, 바닐라 에센스, 설탕, 시나몬가루를 넣고 잘 저어 섞는다.

3. 빵 2조각을 2에 넣고 푹 적신다. 이때 포크 등으로 빵에 작은 구멍을 뚫어 달걀물이 안쪽까지 잘 스미게 한다.

4. 1의 팬에는 버터가 자글자글 끓고 있어야 한다.

5. 달걀물을 듬뿍 머금은 빵을 볼에서 꺼내 조심스럽게 팬에 올린다.

6. 빵의 양쪽 면에 모두 먹음직스러운 갈색이 돌 때까지 굽고, 나머지 빵들도 같은 과정을 반복한다.

7. 접시에 담고 따뜻한 상태에서 버터를 바른다.

8. 7에 슈거파우더를 뿌리고 메이플 시럽을 곁들여 낸다.

TIPS

» 단단한 껍질 층이 있는 빵이라면 어떤 종류든 가능합니다. 사워도우 빵도.

» 반드시 빵을 달걀물에 흠뻑 적셔야 합니다. 그리고 버터를 잊으면 안 돼요! 커스터드 같이 촉촉한 속살과 바삭한 겉면을 원한다면 말이죠.

» 여름에는 신선한 베리류를 곁들이면 좋아요.

» 시나몬가루를 살짝 뿌린 잘 익은 바나나 조각들로도 만들 수 있어요.

» 산뜻한 맛을 내려면 오렌지주스나 레몬 제스트를 달걀물에 첨가하세요.

우에보스 란체로스*의 재해석

Deconstructed Huevos Rancheros with a Fresh Pepper & Chilli Salsa

4인분 • 준비 시간 15분 • 조리 시간 10분 • ♥ ♣ WF GF DF V

대표적인 멕시코 아침식사인 우에보스 란체로스는 보통 달걀프라이, 튀긴 옥수수 토르티야, 삶아 으깨어 갖가지 양념을 하고 한 번 더 볶은 콩, 잘게 썬 토마토와 양파 살사를 볶은 것으로 구성됩니다. 우리는 이 레시피에서 기름진 달걀프라이를 수란으로 대체했고, 신선한 살사와 블랙빈을 곁들였으며, 옥수수 토르티야는 튀기는 대신 쪄서 좀 더 담백하게 만들어 보았습니다.

[칠리 살사]
- 씨 뺀 **로마노 고추** 1개
- 씨 뺀 **그린 세라노 칠리** 1개
- 씨 뺀 **토마토** 2개
- **샬롯** 1개
- **마늘** 2~3쪽
- **바질 잎** 약간
- 갓 짜낸 **라임주스**
- **올리브 오일** 약간
- **소금**, 갓 갈아놓은 **후추**

- **블랙빈 통조림** 1캔(400g)
- **말린 오레가노** 1작은술
- **옥수수 토르티야** 4~8장
- **달걀** 4개
- **소금**, 갓 갈아놓은 **후추**

✓ 우에보스 란체로스(Hue-vos Rancheros): 삶은 달걀 또는 달걀프라이에 토르티야와 토마토 살사를 곁들여 먹는 멕시코의 전통 아침식사.

1. 먼저 살사를 만든다. 분량의 로마노 고추와 세라노 칠리, 토마토, 샬롯, 마늘, 바질 잎을 잘게 다져 볼에 넣고, 라임 주스, 올리브 오일을 추가한 다음 소금과 후추로 간한다. 잘 섞어서 맛을 본 다음 한쪽에 둔다.

2. 이제 블랙빈을 냄비에 붓고(이때, 통조림 보존액도 함께 넣는다) 서서히 익히면서 말린 오레가노를 넣은 다음 소금 1자밤, 후추로 간하고, 따뜻하게 보관한다.

3. 옥수수 토르티야를 깨끗한 티 타월로 감싸 찜기에서(가급적 칸이 나누어진 찜기를 사용한다) 아주 뜨거워질 때까지 2~5분 정도 찐다. 따뜻하게 보관한다.

4. 마지막으로 수란을 만든다(25쪽 참조). 차려낼 때는 각각의 접시에 1~2장의 따뜻한 토르티야를 펴고 수란, 콩, 살사를 올린다.

TIPS

» 반드시 100% 옥수수 토르티야를 사용해야 해요! 쉽게 구입할 수 있는 대부분의 시판 토르티야에는 밀이 들어가 있기 때문입니다. 아보카도 슬라이스나 과카몰리를 곁들여도 맛있습니다.

수란을 곁들인 그릴 요리
The Grill Up with Easy Poached Eggs

2인분 • 조리 시간 20분 • ♣ DF

인생에서 중요한 것들이 다 그렇듯, 이 요리 역시 타이밍이 중요합니다.

- **토마토** 2개
- **포토벨로 버섯**(또는 양송이 버섯) 큰 것 2개(또는 작고 평평한 것으로 4개)
- **올리브 오일**
- **달걀** 2개
- **얇게 썬 베이컨** 4장(기호에 맞는 베이컨이면 OK)
- **돼지고기 소시지** 두꺼운 것 2개(또는 가는 것으로 4개)
- **빵** 2조각(선택 사항)
- **소금**, 갓 갈아놓은 **후추**

1. 그릴을 뜨겁게 달군다. 알루미늄 포일 1장을 뜯어서 빛나는 면이 아래로 가게 한 다음 넓은 베이킹 트레이에 깐다. 토마토는 둥글게 썰어 한쪽 끝에 일렬로 넣고, 이어서 버섯도 일렬로 배열하고, 올리브 오일을 뿌리고 간한다. 소시지도 한쪽에 같이 올리고 베이킹 트레이를 그릴의 맨 위 칸에 집어넣는다.

2. 찻잔과 같은 작은 컵 2개를 준비한다. 각각의 컵에 비닐 랩을 깔고, 달걀을 하나씩 깨트려 넣는다.(수란 만들기에 자신 있다면, 이 방법 말고 일반적인 방법으로 수란을 만들면 된다.)

3. 그릴 안의 베이킹 트레이를 꺼내 베이컨을 넣고, 다시 그릴에 넣는다. 주전자에 물을 끓인다.

4. 달걀은 비닐 랩을 사방으로 들어 올려 끝단을 여며 단단하게 꼬아준다. 이때, 달걀과 비닐 랩 사이에 공간을 주어 달라붙지 않게 여민다.

5. 3의 물을 작은 냄비로 옮겨 ⅔ 정도 붓고 더 끓인다.

6. 그릴에서 익고 있는 베이컨과 소시지를 한 번 뒤집어 주고, 5분간 더 굽는다.

7. 토스트를 좋아한다면 빵을 그릴이나 토스터에 굽는다.

8. 4의 달걀을 비닐 랩째로 물이 끓는 냄비에 조심스럽게 넣고, 잔잔하게 끓도록 불을 낮춘다. 부드럽게 익히려면 4분, 단단하게 익히려면 5분으로 타이머를 설정한다.

9. 접시 2개에 아침식사를 차린다. 달걀은 비닐 랩째 끓는 물에서 건진다. 1~2분만 지나면 먹기 좋은 상태가 된다.

토요일의 팬케이크
Saturday Pancakes

4인분 • 준비 시간 15분 • 조리 시간 15분 • ♥ WF

밀가루를 쓰지 않은 <u>럭셔리한 토요일 아침식사</u>를 소개합니다.

- 달걀 3개
- 메밀가루 125g
- 꿀 1작은술 가득
- 베이킹파우더 1자밤
- 유기농 우유 140ml
- 소금

1. 분량의 달걀은 모두 흰자와 노른자로 각각 분리하고, 넓은 볼에 노른자와 메밀가루를 담는다.

2. 노른자와 메밀가루를 넣은 볼에 꿀, 베이킹파우더, 소금 1자밤을 넣고 덩어리지지 않게 잘 섞는다. 어느 정도 반죽 형태가 되면, 여기에 우유를 천천히 부어 계속 저으며 더욱 부드러운 반죽을 만든다. 이 작업은 전날 밤에 미리 해두어야 한다.

3. 다른 볼에 달걀흰자를 넣고 단단한 봉우리가 생길 때까지 거품기로 쳐서 전날 만들어놓은 반죽에 몇 번에 걸쳐 조금씩 나누어 넣고, 폴딩한다.

4. 코팅팬을 가열하고, 반죽을 한 스푼씩 조심스럽게 떠 넣는다. 한 면당 2~3분간 익힌다.

TIPS

누구라도 자신의 팬케이크에 기호에 맞는 다양한 토핑을 곁들일 수 있습니다. 우리가 가장 좋아하는 토핑을 알려드릴게요.

럭셔리 토핑(Luxury): 팬에 버터를 녹이고 깍둑썰기 한 사과, 시나몬가루, 설탕을 넣어 잘 섞으면서 갈색이 날 때까지 볶습니다. 불에서 내리고 마지막에 약간의 크림을 넣고 섞어주세요.

과일 토핑(Fruity): 블루베리와 얇게 썬 바나나, 아가베 시럽을 곁들입니다.

존의 초콜릿 팬케이크(John's Chocolate Pancakes): 존은 거의 모든 음식에 초콜릿을 곁들이는 것 같아요. 그러나 이 팬케이크는 아침식사로 적합합니다. 바나나와 초콜릿(코코아 함량 70%) 그리고 아가베 시럽을 곁들여 드세요.

그릭 요거트와 갈색 당밀 설탕을 곁들인 모둠 과일

Mixed Fruit with Greek Yoghurt & Brown Molasses Sugar

4인분 • 준비 시간 10분 • WF GF V

미리 만들어 두고 먹을 수 있는 아주 간편한 아침식사입니다.

- 잘 익은 **망고** 큰 것 1개
- **키위** 1개
- **블루베리**나 **블랙베리** 100g
- **딸기** 100g
- **패션프루트** 1개
- **그릭 요거트** 500g
- **갈색 당밀 설탕*** 수북하게 3~4큰술

✓ 갈색 당밀 설탕: 사탕수수 즙을 추출해서 짙은 색이 날 때까지 졸인 다음 이를 정제하지 않고 설탕으로 만든 것.

✓ 갈색 설탕: 백설탕이 생산된 후 가공단계에서 다시 열이 가해져 황갈색을 띠게 된 설탕. 카라멜 색소를 첨가해서 만들기도 함.

1. 망고와 키위는 껍질을 벗기고 큐브 모양으로 잘게 썬 다음 큰 믹싱볼에 담는다.

2. 1에 베리류와 패션프루트를 넣고 잘 섞는다.

3. 서빙 볼이나 개인 접시에 과일을 떠서 담는다.

4. 그릭 요거트를 과일 위에 두툼하게, 보기 좋게 올린다.

5. 맨 위에 당밀 설탕을 흩뿌린다. 그러면 설탕이 요구르트에 스며드는데, 일부는 그대로 굳어 맛있는 사탕 같은 형태가 된다.

TIPS

» 설탕은 원하는 만큼, 설탕물에 헤엄칠 정도로 추가해도 됩니다.

» 미리 만들어 둔다면 내기 직전에 설탕을 올리거나, 더 일찍 설탕을 올려서 요거트에 스미도록 둔 다음 마지막에 다시 설탕을 추가해도 좋아요.

» 과일은 그 어떤 조합이라도 좋지만, 베리류와 핵과일류의 조합이 가장 좋습니다.

BREADS
&
BAKES

– 빵과 오븐에 구운 간식 –

글루텐 프리 빵
Gluten-free Bread

글루텐 프리 빵 한 덩어리 • 준비 시간 20분 + 휴지 1시간 • 조리 시간 55분 • ♥ WF GF V

글루텐은 빵에 쫄깃하고 부드러운 내상(속살)을 만들어줍니다. 글루텐을 제거하면, 좀 더 밀도가 높고 케이크에 가까운 내상이 만들어집니다만, 이 또한 꽤 맛이 좋습니다.

- **글루텐 프리 혼합 밀가루** 500g
- **소금** 1½작은술
- **드라이 이스트** 7g×2봉지
- **꿀** 2큰술
- **우유** 325ml
- **사과 발효 식초** 1큰술
- **올리브 오일** 2큰술
- **달걀** 2개
- **빵 위에 뿌릴 양귀비씨***

✓ 양귀비씨(poppy se-ed): 현재 국내 유통이 되지 않지만, 해외 직구 사이트 등을 통해 요리용 양귀비씨를 구입할 수 있다.

1. 450g 용량의 식빵 틀 안쪽에 기름을 바른다.

2. 분량의 밀가루와 소금, 이스트는 섞어서 한쪽에 둔다.

3. 꿀과 우유를 섞어 살짝 데우고, 꿀이 다 녹으면 불에서 내린다. 여기에 분량의 식초와 올리브 오일, 달걀을 넣고 섞는다.

4. 3에 2를 섞어 반죽을 만들고, 원통 모양으로 성형한다. 준비된 빵틀에 반죽을 넣고 표면에 물을 뿌린 후 양귀비씨를 윗면 전체에 흩뿌린 다음 따뜻한 곳에서 1시간 정도 발효시킨다.

5. 200℃로 예열한 오븐에서 반죽을 45~55분간 굽는다.

6. 오븐에서 빵틀을 꺼내 그대로 5분 정도 식히고, 빵을 꺼내 식힘망 위에서 완전히 식힌다.

TIPS

» 빵의 식감과 풍미를 달리 하려면 반죽에 다른 씨앗을 첨가하면 됩니다. 씨앗을 빵 반죽에 첨가하기 전에 하룻밤 물에 담가 불리는 것이 좋은데, 이렇게 하면 씨앗의 영양소를 더 잘 섭취할 수 있답니다.

견과류 씨앗 버터
Raw Nut & Seed Butters

아침 첫 끼니로 빵에 발라 먹을 것들 가운데 가장 좋은 종류 중 하나가 바로 직접 만든 견과류 버터
랍니다. 부담스럽지 않고, 건강에도 좋아요.

1. 질 좋은 생 호두, 아몬드, 헤이즐넛, 캐슈넛, 호박씨, 해바라기씨를 고른다.

2. 원한다면, 견과류나 씨앗을 물에 불리거나 싹을 틔울 수도 있다. 이럴 경우 조리
   진행 전에 반드시 잘 말려서 사용해야 한다.

3. 푸드 프로세서에 견과류와 씨앗을 넣고, 유지 성분이 다 나오도록 몇 분간 돌린다.
   푸드 프로세서에 약간의 꿀이나 물을 넣어서 재료가 유화되어 버터와 같은 질감
   이 되도록 한다.

4. 냉장고에 보관한다.

플라워 스테이션의 호밀빵
Flour Station Rye Bread

호밀빵 한 덩어리 • 준비 시간 1시간 + 휴지와 반죽 확인 1시간 • 조리 시간 55분 • ♥ ♣ WF DF V

이 빵은 런던의 유명한 베이커리인 플라워 스테이션(The Flour Station Bakery)의 엄청난 실력의 제빵사들이 만든 빵이랍니다. 감자를 넣은 촉촉한 반죽이 특징이죠. 해바라기씨가 톡톡 씹히면서, 탄력 있는 식감이 아주 매력적인 빵이죠.

- **호밀 사워도우**(물 50%, 호밀가루 50%) 25g
- 구이용 **감자** 100g
- **물** 1½작은술
- **호밀가루** 100g, 추가로 덧가루 약간
- **드라이 이스트** 10g
- **소금** 2작은술
- **해바라기씨** 100g
- **당밀** 2큰술

✓ 이 작업을 '사워종 밥주기' '천연발효종 밥주기' 등으로 부른다.

1. 먼저 호밀 사워도우를 만든다.

❶ 호밀가루 또는 유기농 호밀가루 100g에 미온수 100g을 계량해서 유리 용기에 넣고 잘 섞는다. 뚜껑이 있는 밀폐 유리 용기가 적당하다.

❷ 뚜껑을 덮은 유리 용기를 따뜻하고 눈에 잘 띄는 부엌 한쪽에 보관하고, 일주일 동안 매일 50대 50으로 호밀가루와 미온수를 넣고 섞는 작업을 반복한다.*

❸ 볼에 호밀 사워도우 100g을 덜어내고(나머지는 케이크, 번, 팬케이크, 피자 반죽에 활용) 물 100g, 밀가루 100g을 추가한 뒤 포크나 깨끗한 손으로 잘 섞어 가루가 없는 상태로 만든다. 다시 유리 용기에 넣는다.

❹ 이 작업을 약 5일 정도 하다 보면 반죽에 기포가 보이기 시작하는데, 준비가 되었다는 신호다. 이때부터 이 반죽을 냉장고에 보관할 수 있다.

❺ 사용 이틀 전쯤 꺼내어 다시 '밥주기'를 하면 기포가 생기를 띄면서 완전히 활성화된다.

2. 감자를 구워 식힌 다음 껍질을 벗긴다.

3. 모든 재료를 스탠드 믹서의 믹싱볼에 담는다.(사워도우와 소금은 직접 닿지 않게 한다.)

4. 스탠드 믹서에 훅을 걸어 모든 재료가 잘 섞이도록 저속으로 작동시키거나 손으로 잘 섞는다. 반죽의 질감은 매우 축축하고 끈적이는 반면, 반죽의 색은 옅은 갈색에서

좀 더 밝은 황색으로 변할 것이다.

5. 4를 젖은 천으로 덮고 반죽이 숙성되고 기포가 생길 때까지 3시간 정도 휴지시킨다.

6. 900g 용량의 빵틀에 버터를 바르고 호밀가루를 뿌린다.

7. 작업대에 호밀가루를 뿌리고 반죽을 올린 후 성형해서 준비된 빵틀에 넣는다. 윗면을 살짝 누르고, 그 위에 호밀가루를 흩뿌린다.

8. 반죽이 부풀고 표면에 균열이 생길 때까지 따뜻하고 바람이 없는 장소에 그대로 둔다. 이 과정을 거치면 부피가 약 50% 정도 늘어난다.

9. 오븐을 220℃로 예열하고, 반죽 위에 호밀가루를 다시 한 번 덧뿌린 후 짙은 색의 껍질이 생길 때까지 55분간 굽는다.

TIPS

» 이 빵은 확실히 시간이 지나면 더 맛있어져서, 구운 다음날이 가장 맛있습니다. 또한 신선한 상태가 일주일 가까이나 유지되는데, 감자의 수분 덕에 빵의 촉촉함이 더 오래 가기 때문이죠.

» 이 빵을 얇게 잘라 구워서 버터, 코코넛 오일 혹은 견과류 버터(45쪽 참조)를 발라 먹으면 정말 맛있답니다.

토핑을 올린 호밀빵
Topped Rye Bread

단언컨대, 빨리 차릴 수 있는 아침식사라면 바로 이 요리입니다. 호밀빵은 냉동 보관에 용이하고 냉동된 상태에서 바로 구울 수도 있습니다. 밀이 들어가지 않은 데다 간혹 이스트조차 들어가지 않은 경우도 있는데, 가장 중요한 사실은 최근 우리가 먹는 호밀빵은 맛도 훌륭하다는 것입니다. 부드럽고, 달콤하고, 질리지도 않죠. 아래에 소개하는 여러 방법들은 레시피라기보다는 아이디어라고 할 수 있습니다. 부디 이 아이디어들이 영감을 자극해서 여러분만의 호밀빵을 만들기를 바랍니다.

뉴욕 브렉퍼스트 · WF

호밀빵을 이용한 전통적인 아침식사. 호밀빵을 구워 크림치즈를 바르고, 훈제 연어와 둥글고 얇게 썬 오이, 대충 다진 토마토, 얇게 썬 적양파를 올린다. 마지막으로 레몬즙을 뿌리고, 다진 차이브를 흩뿌린다.

크림치즈와 블랙 커런트 · WF V

요거트와 잼이 올라 간 오픈 샌드위치 형태라고 생각하면 된다.

땅콩버터와 청포도 · ♥ WF DF V

땅콩버터와 젤리의 건강버전 정도. 포도를 반으로 갈라 땅콩버터 위에 올리거나, 70년대 스타일로 군대 행렬처럼 늘어놓아도 된다.

그밖에 우리가 좋아하는 토핑들

- 기본적인 맛(The Continentel): 뉴욕 브렉퍼스트와 비슷한데, 훈제 연어를 질 좋은 햄으로 대체하면 된다.

- 과일과 견과류(The Fruit & Nut): 땅콩버터는 여러 과일과 조합하기 좋다. 특히 얇게 썬 사과가 잘 어울린다.

- 익힌 베리류(Hot Berries): 꿀, 시나몬가루, 베리류를 냄비에 넣고 껍질이 물러질 때까지 가열한다. 호밀빵 위에 얹고 요거트를 조금 올린다.

- 꿀과 바나나(Honey and Banana Slices): 호밀빵 위에 꿀을 펴 바르고 얇게 썬 바나나 조각을 기하학적으로 배열한다. 그냥, 예뻐 보이니까.

- 윔블던 스타일(The Wimbledon): 딸기와 바나나를 요거트에 버무리고, 위에 꿀을 살짝 뿌린다.

- 정통 영국식(The Full English): 얇게 썬 토마토를 호밀빵 위에 깔고 스크램블 에그와 바삭하게 구운 얇은 베이컨 조각을 올린다.

- 영국식 채소(The Veggie English): 얇게 썬 토마토 위에 뜨거운 올리브 오일에 재빨리 볶은 버섯을 올린다.

- 독일식(The Reichstag): 호밀빵에 홀그레인 머스터드를 바르고, 얇게 썬 토마토와 햄 그리고 잘게 다진 오이 딜 피클을 올린다. 극단을 경험하고 싶은 분들만.

궁극의 버섯 토스트
Ultimate Mushrooms on Toast

우리 모두와 친한 요리사 친구가 이런 말을 한 적이 있어요. '흔해빠진 양송이버섯도 만약 구하기 어렵다면, 비싼 별미가 되었을 거다'라고 말이죠. 양송이를 요리할 때 색이 짙어지면서 풍미가 더욱 깊어지는 것을 보노라면, 정말 놀랍습니다. 토스트에 올릴 최고의 버섯이 꼭 값비싼 것이어야 한다는 생각은 버리시길.

1. 질 좋은 빵을 굽는다.
2. 구운 빵 위에 버터를 바른다.
3. 뜨거운 팬에 버터를 넉넉하게 넣고, 식용유를 살짝 두른다. 버터가 녹으면서 거품이 나야 한다.
4. 얇게 썬 양송이버섯 한 움큼을 다진 양파와 함께 팬에 넣고 볶는다. 이때, 너무 휘적거리지 않도록 한다. 30초마다 한 번씩 섞으면서, 노릇해지도록 시간을 들여야 한다. 소금과 후추로 간한다.
5. 완성되기 30초 정도 남은 시점에 잘게 다진 마늘과 신선한 파슬리를 넣고 섞는다.
6. 레몬주스를 살짝 뿌리고, 토스트 위에 올린다.

버섯 토스트 응용

- 럭셔리한 풍미를(Luxury): 마지막에 레몬주스 대신 화이트 와인을 넣는다. 잠시 끓어오르다가 거품이 꺼지면, 크림 한 스푼을 넣고 20초 정도 더 끓인 후 토스트에 올린다.
- 육류를 더해서(Meaty): 버섯을 익히기 전에 프로슈토 햄을 바삭하게 튀겨서 토스트의 맨 위에 상어지느러미처럼 붙인다.
- 궁극의 버섯 토스트 위에 올린 토스트(Toast on Mushrooms on Toast): 실은, 이 토스트는 책에 들어갈 사진을 찍는 도중에 발생한 '사고'였다. 그렇지만 이보다 더 맛있는 건 세상에 없을 듯. 빵가루와 다진 마늘에 간하고 바삭해질 때까지 볶는다. 궁극의 버섯 토스트를 만들고, 마늘 빵가루를 위에 뿌려 아주 파삭한 식감을 더한다.

DRINKS

– 마실 것 –

랄프의 망고 라씨
Ralph's Mango Lassi

2인분 • 준비 시간 15~20분 • ♥ WF GF V

무더운 날에 특히 사랑받는 시원한 음료이자, 상쾌한 과일 맛으로 하루를 시작하기에 좋은 마실거리입니다.

- 차가운 **생 요거트** 300ml
  (저지방도 무관)
- 껍질 벗겨 뭉그러질 정도로 잘게 썬 잘 익은 **망고** 4개
- **맑은 꿀** 30ml
- **라임주스** 15ml
- 각 **얼음** 2컵
- **민트** 2줄기(가니시용)

1. 요거트, 망고, 꿀, 라임주스를 블렌더에 넣고 갈다가, 얼음을 넣고 부드러운 상태가 될 때까지 15초간 더 갈아준다.
2. 민트 줄기로 장식하면 완성.

TIPS

» 요거트 대신 버터밀크를 사용해도 좋아요.
» 잘 익은 망고를 찾기 어렵다면, 슈퍼마켓에서 판매하는 무가당 망고 통조림을 구입하면 됩니다.
» 세이버리*에 가까운 맛을 내려면 꿀을 빼고 소금 약간, 카다몸가루 2자밤 정도를 넣으면 됩니다.

✓ 세이버리(savoury): 영국에서 디저트를 먹고 난 후 입천장을 씻어내어 상쾌한 느낌을 주기 위한 요리를 뜻하는 의미로 쓰인다. 요즘에는 애피타이저로 나오는 작은 크기의 요리나 홍차, 저녁식사나 점심식사에 함께 먹을 수 있는 짭짤하게 간이 된 요리를 말한다.

랄프 방콕, 1988년

사랑스러운 '랄프 몬티엔비치엔차이(Ralph Monthienvichienchai)'는 말 그대로 망고에 미쳤다는 뜻으로, 미쳐도 보통 미친 게 아니라 이름 그대로 런던에 디저트 바를 오픈했다. 망고에 대해 알고 싶다면 그가 정답이다. 이 맛있는 레시피를 알려준 랄프에게 감사를 전한다.

해티의 건강 아몬드 스무디
Hattie's Super-Healthy Almond Smoothie

2인분 • 준비 시간 5분 • ♥ WF DF GF V

유제품이 첨가되지 않은 음료를 찾는 사람들을 위한 건강 음료입니다.

- **키위** 1개
- **바나나** 1개
- **베리류** 넉넉하게 2줌
  (제철 베리라면 뭐든지)
- 껍질을 벗기지 않은
  아몬드 8개
- **귀리** 수북하게 2큰술
- **호박씨** 1큰술
- **해바라기씨** 1큰술
- **라이스 밀크**나 **아몬드
  우유** 또는 **두유** 250ml

1. 키위와 바나나의 껍질을 벗기고, 베리류는 씻어서 준비한다.
2. 모든 재료를 스무디 머신이나 블렌더에 넣고 부드러워질 때까지 갈아준다.

타이거 밀크
Tiger's Milk

1인분 • 준비 시간 3분 • 조리 시간 2~3분 • WF GF V

사냥의 명수 호랑이? 아닙니다. 우리가 호랑이 젖을 짤 만큼 미치지는 않았어요. 호랑이의 우유는 절대 아니고, 어린 케이에게 우유를 마시게 하던 유일한 방법이었답니다. 우유에 줄무늬가 있어서 호랑이 우유라 부르게 된 사연이 있죠. 케이는 이 타이거 밀크가 진짜 호랑이 젖이라고 평생 믿어왔단 사실을 인정하지 않았지만요. 이 '줄무늬' 꿀은 3초 정도면 사라집니다. 그러니 어린 시절의 케이는 정말 잘 속아 넘어가는 순진한 아이였던 것이 분명해요.

- **우유** 1잔(220ml 정도)
- **시나몬 조각** 작은 것 1개
- **꿀** 1큰술
- **시나몬가루** 약간
  (선택 사항)

1. 우유가 너무 뜨겁지 않도록 냄비에서 따뜻할 정도로만 데운다. 우유 거품을 내기 위해 냄비에 핸드블렌더를 넣고 돌린다. 장담하는데, 이 과정 때문에 줄무늬가 만들어진다.

2. 컵에 시나몬 조각을 넣고 따뜻하게 데운 우유를 붓는다. 자, 이제 집중할 차례. 적당한 높이에서 꿀 한 스푼을 동심원을 그리며 뿌린다. 줄무늬가 보이면 성공! 시나몬 조각으로 저어주고, 기호에 따라 시나몬가루를 뿌린다.

단위 환산표

액체

15 ml	½ fl oz
25 ml	1 fl oz
50 ml	2 fl oz
75 ml	3 fl oz
100ml	3½ fl oz
125 ml	4 fl oz
150 ml	¼ pint
175 ml	6 fl oz
200 ml	7 fl oz
250 ml	8 fl oz
275 ml	9 fl oz
300 ml	½ pint
325 ml	11 fl oz
350 ml	12 fl oz
375 ml	13 fl oz
400 ml	14 fl oz
450 ml	¾ pint
475 ml	16 fl oz
500 ml	17 fl oz
575 ml	18 fl oz
600 ml	1 pint
750 ml	1¼ pints
900 ml	1½ pints
1 litre	1¾ pints
1.2 litres	2 pints
1.5 litres	2 ½ pints
1.8 litres	3 pints
2 litres	3½ pints
2.5 litres	4 pints
3.6 litres	6 pints

무게

5 g	¼ oz
15 g	½ oz
20 g	¾ oz
25 g	1 oz
50 g	2 oz
75 g	3 oz
125 g	4 oz
150 g	5 oz
175 g	6 oz
200 g	7 oz
250 g	8 oz
275 g	9 oz
300 g	10 oz
325 g	11 oz
375 g	12 oz
400 g	13 oz
425 g	14 oz
475 g	15 oz
500 g	1 lb
625 g	1¼ lb
750 g	1½ lb
875 g	1¾ lb
1 kg	2 lb
1.25 kg	2½ lb
1.5 kg	3 lb
1.75 kg	3½ lb
2 kg	4 lb

» 파인트(pint): 액량 및 건량의 단위. 영국에서는 0.568L, 미국에서는 0.473L. 8파인트가 1갤런.

» 온스(oz, fl oz-액량 온스): 영국에서는 20분의 1, 미국에서는 16분의 1파인트(pint)에 해당하는 액체의 양.

» 파운드(lb): 무게를 재는 단위 약 454그램 정도의 양.

길이

5 mm	¼ inch
1 cm	½ inch
1.5 cm	¾ inch
2.5 cm	1 inch
5 cm	2 inches
7 cm	3 inches
10 cm	4 inches
12 cm	5 inches
15 cm	6 inches
18 cm	7 inches
20 cm	8 inches
23 cm	9 inches
25 cm	10 inches
28 cm	11 inches
30 cm	12 inches
33 cm	13 inches

오븐 온도

110℃	(225℉)	Gas Mark ¼
120℃	(250℉)	Gas Mark ½
140℃	(275℉)	Gas Mark 1
150℃	(300℉)	Gas Mark 2
160℃	(325℉)	Gas Mark 3
180℃	(350℉)	Gas Mark 4
190℃	(375℉)	Gas Mark 5
200℃	(400℉)	Gas Mark 6
220℃	(425℉)	Gas Mark 7
230℃	(450℉)	Gas Mark 8

다른 방식의 오븐 사용하기

이 책에 있는 모든 레시피들은 팬(컨백션 오븐의 열대류용 송풍팬)이 없는 구형 오븐에서 테스트를 거쳐 완성했습니다. 만약 팬이 장착된 오븐을 사용한다면, 레시피에 명시된 온도에서 20℃ 정도 낮게 설정해야 합니다.

팬이 장착된 현대식 오븐들은 오븐 전체에 열기를 매우 효과적으로 순환시키기 때문에 오븐의 어느 자리에 재료를 넣고 조리할지, 위치 선정에 신경 쓸 필요가 없습니다.

여러분이 어떤 형태의 오븐을 사용하든지 간에, 오븐은 저마다의 특성이 있다는 것을 알게 될 거예요. 따라서 어떠한 오븐 요리 레시피라도 지나치게 얽매일 필요는 없습니다. 오븐의 작동 원리를 이해하고, 그때그때 변수들을 조절하면 된다는 것만 명심하시길.

일러두기

특별한 지시사항이 없다면, 이 책의 모든 레시피에는 중간 크기의 달걀을 사용했습니다.

우리는 이 책에 기재된 모든 준비 시간과 조리 시간의 정확도를 기하기 위해 최선을 다했지만, 책에 명시한 시간들은 우리가 테스트를 진행하는 동안의 시간에 기초한 추정일 뿐입니다. 불변의 진리가 아니라, 그저 길잡이일 뿐입니다.

또한 이 책에서 다루는 모든 음식에 대한 정보들을 자료화하는데 주의를 기울였습니다. 하지만 우리는 과학자가 아닙니다. 따라서 우리의 음식에 대한 정보와 영양에 대한 충고들은 절대적이지 않습니다. 혹시 영양에 대한 전문적인 상담이 필요하다고 느낀다면 의사와 상의하십시오.

♥	포화지방 낮음	GF	글루텐 프리
♣	혈당(GI) 지수 낮음	DF	유제품 프리
WF	밀 프리	V	베지테리언

레시피 찾아보기

주석 찾아보기

✓ 갈색 당밀 설탕: 사탕수수 즙을 추출해서 짙은 색이 날 때까지 졸인 다음 이를 정제하지 않고 설탕으로 만든 것. • 38

✓ 갈색 설탕: 백설탕이 생산된 후 가공단계에서 다시 열이 가해져 황갈색을 띄게 된 설탕. 카라멜 색소를 첨가해서 만들기도 함. • 38

✓ 그래놀라(granola): 다양한 곡물류와 견과류를 설탕, 꿀과 함께 섞어 오븐에 구워 적당히 크기의 덩어리로 뭉쳐 놓은 것. • 18

✓ 니커보커 글로리(Knickerbocker Glory): 파르페와 선데 아이스크림과 같이 컵에 층층이 쌓아 담은 영국식 디저트. • 18

✓ 래미킨(ramekin): 도자기나 유리로 만든 작은 크기의 내열 그릇. 주로 수플레 등의 오븐 요리에 사용함. • 25

✓ 뮤즐리((Muesli): 눌린 통 귀리와 곡물류, 과일, 견과류를 혼합해 우유와 함께 먹는 스위스의 전통 아침 식사용 시리얼. • 16

✓ 발로나(valrhona): 프랑스의 초컬릿 브랜드. • 10

✓ 블랙 푸딩(Black pudding)돼지 피가 주재료인 검은색을 띤 소시지로 영국의 대표 음식 중 하나. • 23

✓ 세이버리(savoury): 영국에서 디저트를 먹고 난 후 입천장을 씻어내어 상쾌한 느낌을 주기 위한 요리를 뜻하는 의미로 쓰인다. 요즘에는 애피타이저로 나오는 작은 크기의 요리나 홍차, 저녁식사나 점심식사에 함께 먹을 수 있는 짭짤한 간이 된 요리를 말한다. • 54

✓ 스펠트 밀가루(spelt flour): 기원전 5천년부터 존재한 밀의 고대 종으로 만든 밀가루. 일반 밀보다 칼로리 및 혈당 지수가 낮고 소화가 잘 되어 다시 건강식으로 각광받고 있으며 밀 알레르기가 있는 사람도 먹을 수 있다. 스펠트 밀은 단맛과 견과류 맛이 난다. 우리 밀과 비슷하다. • 7

✓ 양귀비씨(poppy seed): 현재 국내 유통이 되지 않지만, 해외 직구 사이트 등을 통해 요리용 양귀비씨를 구입할 수 있다. • 42

✓ 우에보스 란체로스(Huevos Rancheros): 삶은 달걀 또는 달걀프라이에 토르티야와 토마토 살사를 곁들여 먹는 멕시코의 전통 아침식사. • 32

✓ 콩포트(Compote): 생과일이나 말린 과일을 리큐르(Liqueur)를 첨가한 설탕 시럽에 넣어 뭉근하게 졸인 것. 잼과 비슷하나 잼보다 과육의 질감이 크다. • 10

✓ 크렘 프레슈(Crème fraiche): 유지방 함량이 약 28%인 프랑스의 유제품으로, 우유에서 지방을 뺀 크림을 말한다. • 29

✓ 포리지(porridge): 오트밀에 우유나 물을 부어 걸쭉하게 죽처럼 끓인 음식.(곡물로 만든 죽을 통칭) • 7

리틀 레온 ❶

아침식사와 브런치

자연식 패스트푸드 레시피

초판 1쇄 발행 2018년 12월 24일 | 5쇄 발행 2022년 5월 6일 | 지은이 헨리 딤블비·케이 플런켓 호그·클레어 탁·존 빈센트 | 옮긴이 Fabio(배재환) | 펴낸이 이수정 | 펴낸곳 북드림 | 마케팅 이윤섭 | 등록 제2020-000127호 | 주소 서울시 송파구 오금로 58, 916호(신천동, 잠실 아이스페이스) | 전화 02-463-6613 | 팩스 070-5110-1274 | 도서 문의 및 출간 제안 suzie30@hanmail.net | ISBN 979-11-960352-8-0 (14590)

※잘못된 책은 구입처에서 교환해 드립니다.

이 도서의 국립중앙도서관 출판예정도서목록(CIP)은 서지정보유통지원시스템 홈페이지(http://seoji.nl.go.kr)와 국가자료종합목록시스템(http://www.nl.go.kr/kolisnet)에서 이용하실 수 있습니다. (CIP제어번호 : CIP2018040137)

리틀 레온 시리즈 전면 컬러/64쪽/양장본